四季鮮果♥手工果醬

渡部和泉

前　言

只要一瓶果醬，就能為平凡無奇的日子點綴一點色彩。

每次打開冰箱，看到來自蔬菜和水果所製成的

色彩繽紛的美麗果醬，總不由得一陣開心，

不論是烤得金黃酥脆的吐司，或是雪白的優格，

滴上果醬的瞬間總顯得閃閃發光。

準備各種不同的果醬，說不定

能開一場由果醬當主角的派對。

學會本書中的果醬後，

有時你也可以自己做變化。

例如加上庭院裡自己栽培的香草，

或是把白砂糖換成和三盆糖（譯註：和三盆是日本產上

等砂糖，多用於高級和菓子點心，味道比起一般砂糖較

不甜膩）。

也可以加入辛香料或酒，裝進秘密瓶中，

享受不同於孩子氣果醬的成熟滋味。

來吧，一起發揮想像力。

展開屬於自己充滿繽紛色彩的「果醬生活」吧？

渡部和泉

春 SPRING

♥ 不甜的果醬

♥ 春季小點心

夏 SUMMER

♠ 不甜的果醬

♠ 夏季小點心

• 書中使用的雞蛋大小皆為中尺寸。
• 書中計量單位，1小匙為5ml，1大匙為15ml，1杯為200ml。
• 如無特別註明，書中使用奶油皆為有鹽奶油。
• 如無特別註明，書中使用微波爐皆為750W。
• 書中使用之鮮奶油皆為動物性鮮奶油。

秋 AUTUMN

♦ 不甜的果醬

♦ 秋季小點心

冬 WINTER

♣ 不甜的果醬

♣ 冬季小點心

製作果醬的必備器具

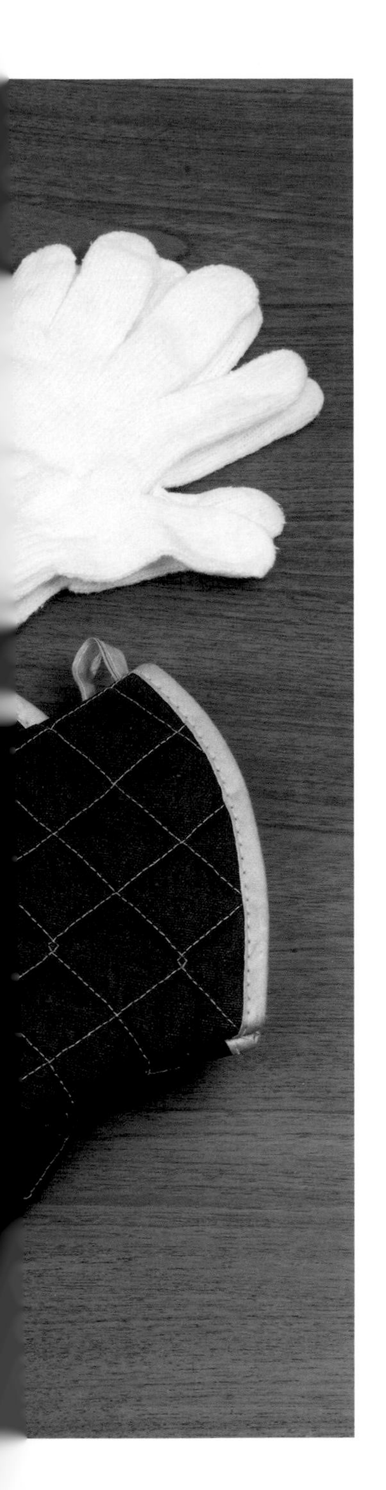

• **鍋子**…1

製作果醬的水果多含酸性，請使用耐酸的不鏽鋼鍋或珐瑯鍋。
鋁鍋特別不耐酸，請勿使用。鍋子大小請選用直徑20cm左右。若使用的鍋子太小，果醬煮到一半可能溢出鍋外，請多注意。

• **濾杓**…2

水果等食材煮乾時，需要撈出浮沫，建議使用網狀濾杓撈取，可完整保留果汁。如果沒有網狀濾杓也可使用湯匙或湯杓。

• **耐熱膠杓**…3

用鍋子煮水果食材時，需攪拌至鍋子底部才不會燒焦黏鍋。比起木杓，耐熱膠杓使用起來更輕便順手，但請務必選擇耐熱材質。

• **湯杓或大湯匙**…4

使用於將完成的果醬撈起裝瓶時。請選用杓口尖窄的杓子，如此一來即使小開口的瓶子也能順利裝填。如果沒有湯杓，也可直接用湯匙。

• **大碗**…5

攪拌水果與砂糖，或清洗水果時使用。請勿選擇不耐酸的鋁製品，建議可使用玻璃器皿或不鏽鋼、珐瑯製大碗。

• **電子秤**…6

對食譜還不熟悉時，份量的掌握務求精準，才不易失敗。因此請使用電子秤精準測量吧。

• **隔熱手套**…7

煮果醬的鍋子溫度相當高，拿取時請務必使用隔熱手套。如無隔熱手套，也可以戴兩層粗棉布手套代替。

• **粗棉布手套**…8

完成的果醬溫度依然很高，為了防止裝瓶時燙傷，請先戴上粗棉布手套再握住瓶身。

最基本的草莓果醬作法

材　料

草莓……………	1盒（約300g）
細砂糖…………	120g
檸檬汁…………	1小匙

作　法

1

將草莓放入大碗，用水輕柔清洗後濾乾水分，去除蒂頭。草莓顆粒若較大，可隨喜好切成2～4等分。

2

將1/4左右份量的細砂糖倒入碗中，在上面疊上一層草莓，重複數次層疊步驟將草莓與細砂糖全部放入後輕輕攪拌混合。

3

在大碗上蓋上一層紗布巾，放置2小時或一個晚上，待草莓水分完全釋出（夏季時此步驟請放置於冰箱內）。等到草莓如圖完全釋出水分後，不僅煮起來不容易燒焦，也不用另外加水，完成後的果醬滋味也會更濃厚。

Point 1

4　將草莓糖水放進鍋中，以中強火加熱。

5　輕輕撈掉沸騰後產生的浮沫。若無濾杓而使用湯匙時，請注意不要撈除過多的糖水。

6　等浮沫全部撈掉後，加入檸檬汁，轉弱火。持續使用膠杓攪拌以防燒焦。

7

煮一段時間，一度掉色縮小的草莓漸漸恢復原本的色澤與大小，並呈現些許濃稠狀後便可熄火。Point 2

8

趁熱使用尖口湯杓將草莓醬裝瓶。裝瓶時戴上粗棉布手套以防燙傷。

草莓牛奶的作法

在煮草莓醬的鍋中倒進一杯鮮奶，一邊用膠杓刮下鍋緣剩餘的草莓醬攪拌混合就完成草莓牛奶囉。（牛奶沸騰會導致分離狀態，所以只要微溫加熱即可熄火）。

Point 3

Point!

※1　如果時間不夠，可以將材料裝進耐熱碗放微波爐（不用蓋保鮮膜）加熱4～6分鐘，令草莓釋出水分。

※2　放涼後的果醬會再提高濃稠度，因此煮的時候拿捏比目標稠度稍低時就可以熄火了。

Point!

※3　視草莓酸甜度可增減細砂糖的份量。上下約可增減1大匙。

關於果醬的保存方式

親手做的果醬，當然想美味享用到最後一刻囉。因此，一定要按照正確步驟裝進消毒過的瓶子，並依照用途選擇正確的保存方式喔。
本書介紹的果醬食譜，由於使用的砂糖份量較市售果醬少，因此保存期限也較短。為了開封後能盡早食用完畢，請不要裝在太大的瓶子裡。

保存2～4個月的方式：煮沸消毒

（圖1）

（圖2）

（圖3）

1 在鍋中放入洗乾淨的瓶子，裝水蓋過瓶身後開始加熱，沸騰後煮沸五分鐘（如圖1）。

2 用夾子或杓子取出瓶子，放在乾燥的紗布巾上，瓶口向下晾乾。從鍋中取出瓶子時請小心燙手（如圖2）。

3 裝滿果醬蓋上瓶蓋後，以倒放方式放涼。瓶子燙手，拿取時請戴上粗棉布手套（如圖3）。 Point

4 完全冷卻後倒轉瓶身，瓶蓋向上，保存於避免日光直射的陰暗場所。開封後放置冰箱冷藏保存，每次食用時都必須以清潔的湯匙取出，並盡早食用完畢。

Point!

倒置放涼有兩個目的。一是讓高溫果醬接觸瓶蓋內側，達到殺菌效果。二是藉此讓瓶內成為真空狀態。

保存半年～1年的方式：煮沸消毒＋脫氣殺菌

（圖4）

（圖5）

1　果醬完成後，趁熱裝入煮沸消毒過的瓶中（九分滿），蓋上瓶蓋。

2　整瓶放入鍋中，注入高度至瓶身一半的清水，以弱火加熱20分鐘（如圖4）。

3　一邊注意不要燙傷一邊取出果醬瓶，戴上粗棉布手套轉緊瓶蓋。倒轉瓶身放涼（如圖5）。

4　完全冷卻後倒轉瓶身，瓶蓋向上，保存於避免日光直射的陰暗場所。

冷凍保存

如果還有剩下的果醬，可裝進密閉容器或市售冷凍專用袋後予以冷凍。裝進容器後，等果醬完全冷卻再蓋上蓋子放入冷凍。解凍時放入冷藏庫自然解凍，開封後一樣請盡早食用完畢。

關於瓶子

- 瓶蓋如為塑膠製，請勿放入煮沸。
- 重複使用或使用回收瓶時，請先注意瓶蓋有否生鏽腐蝕。曾裝過氣味強烈食物的瓶子，即使經過煮沸消毒仍難去除氣味，不建議使用。

Spring
春天的果醬

rustle, rustle...
Oh, don't take my jam.

草莓香草醬

當店頭開始陳列草莓時，便像是告知了春天的到訪，令人心頭雀躍不已。這裡介紹的草莓香草果醬，建議使用初春剛上市的小顆粒草莓。如使用顆粒較大的草莓，請先切成一半。

材　料　完成後份量約190ml

草莓 ………… 1盒（約300g）
細砂糖 ……… 115g
檸檬汁 ……… 1小匙
香草豆莢 …… 1/3根

作　法

1 將草莓輕柔清洗後濾乾水分，去除蒂頭。香草豆莢從中央切開，以刀背除下裡面的香草種籽，混入細砂糖中。

2 將1/4左右的細砂糖倒入大碗中，在上面疊上一層草莓，重複數次步驟將草莓與細砂糖全部交替放入後，再加入去籽後的香草豆莢輕輕搖晃使材料融合。

3 在大碗上輕蓋一層紗布巾，放置等待2小時或一個晚上，待草莓水分完全釋出（夏季時此步驟請放置於冰箱內）。Point

4 將**3**移至鍋中，以中強火煮沸。沸騰後撈除浮沫。

5 浮沫全部撈掉後，加入檸檬汁，轉弱火。持續使用膠杓攪拌以防燒焦。

6 煮一段時間，一度掉色縮小的草莓漸漸恢復原本的色澤與大小，並出現些許濃稠狀後便可熄火。

7 趁熱裝瓶。

如果時間不夠，可以將材料裝進耐熱碗放微波爐（不用蓋保鮮膜）加熱4～6分鐘，令草莓釋出水分。

◎法式吐司與優格醬的作法請參照74頁。

草莓開心果醬

在果醬界，草莓堪稱天后！享受加熱草莓醬時那種甜美的香氣，是只有製作果醬的人才有的特權。綠色的開心果，為果醬的外觀和口感雙重加分，是最適合當淋醬使用的草莓果醬。

材　料　完成後份量約200ml

草莓 ………… 1盒（約300g）
細砂糖 ……… 120g
檸檬 ………… 1/2個
開心果 ……… 15g

作　法

1 將草莓輕柔清洗後濾乾水分，去除蒂頭，切成四等分。

2 將1/4左右的細砂糖倒入大碗中，在上面疊上一層草莓，重複數次步驟將草莓與細砂糖全部放入後，輕輕搖晃大碗使材料融合。

3 在大碗上輕輕蓋上一層紗布巾，放置2小時或一個晚上，待草莓水分完全釋出（夏季時此步驟請放置於冰箱內）。
Point

4 用170度烤箱焙烤開心果約5分鐘，冷卻後切成粗粒。檸檬先將表皮黃色部份削下切末後榨汁。

5 將3移至鍋中，以中強火煮沸。沸騰後撈除浮沫。

6 浮沫全部撈掉後，加入檸檬皮末與檸檬汁，火稍微轉弱。持續使用膠杓攪拌以防燒焦。

7 煮一段時間，一度掉色縮小的草莓漸漸恢復原本的色澤與大小，並出現些許濃稠狀後便可加入開心果粗粒，攪拌均勻後熄火。

8 趁熱裝瓶。

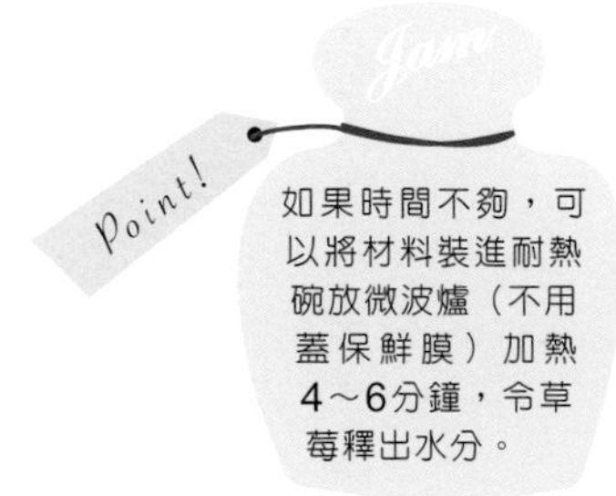

藍莓葡萄醋醬

藉由加入葡萄醋（balsamico），可增加果醬的醇度與深度。微甜的葡萄醋非常適合搭配莓果類，也很推薦使用來搭配草莓或覆盆子果醬。

材　料　完成後份量約240ml

藍莓 ………… 300g（冷凍）
蔗糖 ………… 110g
葡萄醋 ……… 1又1/2大匙

作　法

1. 冷凍藍莓直接入鍋，灑上蔗糖後等藍莓自然解凍。
2. 解凍後，以中強火加熱。隨時以膠杓攪拌以防燒焦。若出現浮沫就用濾杓撈掉。
3. 等浮沫全部撈掉後，加入葡萄醋。再煮3分鐘，出現些許濃稠狀便可熄火。
4. 趁熱裝瓶。

覆盆子藍莓醬

光是看著鍋中咕嚕咕嚕滾動的紅藍果實，就令人覺得好幸福。加入優格與牛奶（同份量）攪拌，就完成一杯顏色粉嫩最適合春天飲用的優格飲料囉！

材　料　完成後份量約240ml

覆盆子 ……… 180g（冷凍）
藍莓 ………… 120g（冷凍）
細砂糖 ……… 120g
檸檬汁 ……… 1小匙

作　法

1 冷凍覆盆子與藍莓直接入鍋，灑上細砂糖後等莓果自然解凍。

2 解凍後，以中強火加熱。隨時以膠杓攪拌以防燒焦。若出現浮沫就用濾杓撈掉。

3 等浮沫全部撈掉後，加入檸檬汁。放涼後的果醬會再提高黏度，因此只要出現些許濃稠狀即可熄火。

4 趁熱裝瓶。

加入富含維他命C的玫瑰果，鮮紅的果醬具有令人期待的美容效果，最受女性歡迎，玫瑰香中的酸甜滋味，建議可做為加入紅茶的果醬使用。

材　料　完成後份量約240ml

乾燥玫瑰果　…　10g
覆盆子　………　280g（冷凍）
細砂糖　………　150g

作　法

1 冷凍覆盆子直接入鍋，灑上細砂糖後等莓果自然解凍。

2 在小鍋中裝入乾燥玫瑰果並放入1/2杯水，用弱火煮10分鐘直到玫瑰果軟化。Point

3 將**2**倒入**1**中，改中強火。隨時以膠杓攪拌以防燒焦。若出現浮沫就用濾杓撈掉。

4 等覆盆子煮至柔軟破碎，產生些許黏稠狀即可熄火。趁熱裝瓶。

Point!
Jam

若買不到乾燥玫瑰果，可取市售的玫瑰果茶1/2杯，用熱水燜3分鐘過濾使用。

不加水，使用整顆柳橙做成的柳橙醬，帶著些許奶油味，最適合搭配麵包食用。如果想做出味道更醇厚的柳橙醬，可以多川燙兩三次果皮，倒掉煮汁，再開始製作果醬。

柳橙薄荷醬

材　料 完成後份量約330ml

柳橙 …………	2個（400g）
細砂糖 ………	100g
薄荷 …………	3g

※1 買回的柳橙如果皮上有蠟，可拿鹽巴塗抹搓揉柳橙全體表面後，用鬃刷刷乾淨再使用。

※2 川燙並倒掉煮汁，指的是用清水川燙食材，沸騰後將煮過的水倒掉的動作。這麼做有去除浮沫與減少澀味的效果。

作　法

1 柳橙洗乾淨後以放射線狀切成4等分，將果肉從果皮上剝離。 Point 1

2 果皮川燙兩次後倒掉煮汁，拭乾水分切成細條。 Point 2

3 將事先挖下的果肉連著薄皮切碎。

4 將**2**和**3**放入鍋中，加入細砂糖後開始加熱。

5 水分釋出後，轉弱火熬煮20～30分鐘。

6 薄荷洗乾淨拭除水分後，用手撕成2、3等分。等鍋中的果皮充分變軟了便加入薄荷，再煮約1分鐘即可熄火。

7 趁熱裝瓶。

柳橙奶油醬

味道醇厚質地滑順，比柳橙醬和奶油分開使用效果更好！可事先搓成棒狀後用保鮮膜包起來冷藏，要用時只需切一段下來即可，非常方便。也可以冷凍保存。

材　料　完成後份量約130ml

無鹽奶油 …… 120g
柳橙薄荷醬 … 70g（請參照22頁）
君度橙酒（Cointreau）
……………… 1/2小匙

作　法

1 奶油切薄片後放入大碗中，於室溫中軟化後用打蛋器攪拌均勻。

2 打到奶油呈乳霜狀後便加入君度橙酒繼續攪拌。

3 最後再加入果醬，用膠杓將全體攪拌滑順即告完成。Point

可放冰箱冷藏一週。若冷凍可保存一個月（解凍後請冷藏保存）。

咖啡歐蕾醬

由於份量熬煮至減半程度，使咖啡味道完全得以濃縮其中。不只適合塗抹麵包，加在溫牛奶裡也很美味。雖然需要花點時間製作，但一邊煮一邊享受咖啡香味也能樂在其中。

材　料　完成後份量約180ml

即溶咖啡 ……… 1大匙
牛奶 …………… 350ml
鮮奶油 ………… 50ml
細砂糖 ………… 70g

作　法

1. 小鍋中加入100ml牛奶，煮沸後加入即溶咖啡並攪拌溶解。
2. 加入剩餘牛奶與鮮奶油、細砂糖後，轉弱火。
3. 稍微呈現濃稠狀後，隨時以膠杓攪拌至鍋底以防燒焦。約煮1小時，鍋中咖啡牛奶份量減半時即熄火。
4. 趁熱裝瓶。

印度奶茶醬

散發紅茶與牛奶的甜美香氣，讓人想直接拿湯匙挖起來品嚐。推薦使用阿薩姆紅茶葉。同樣作法，若不放辛香料就是奶茶醬。

材　料　完成後份量約180ml

	牛奶	450ml
	細砂糖	90g
	紅茶葉	8g
A	肉桂棒	1根
A	丁香	2根
A	豆蔻	2個

作　法

1. 鍋中放入牛奶煮沸，沸騰後加入紅茶葉，蓋上鍋蓋煮5分鐘。之後用茶濾網過濾。
2. 鍋子洗乾淨後，重新放入濾過的紅茶牛奶，加入A與細砂糖，再以弱火加熱。
3. 待出現些許濃稠狀後便拿出鍋中的A。隨時以膠杓攪拌至鍋底以防燒焦。約煮1小時，鍋中紅茶牛奶份量減半時即熄火。
4. 趁熱裝瓶。

檸檬露

比起市售的檸檬露有著較低的甜度，強調檸檬清新香氣。建議可搭配英式鬆餅或和無糖鮮奶油混合食用。

材　料　完成後份量約100ml

檸檬（有機檸檬）……	1顆
雞蛋 ……………………	1顆
細砂糖 …………………	50g
無鹽奶油 ………………	40g

作　法

1. 削下檸檬皮，果實榨汁後仔細過濾備用。打蛋並過濾蛋汁。奶油分成4等分，放進冰箱備用。*Point* 1
2. 小鍋中放入檸檬皮與蛋汁、檸檬汁及細砂糖後攪拌均勻。一邊以弱火加熱，一邊隨時以膠杓攪拌至鍋底以防燒焦。
3. 約10～15分鐘後，檸檬香氣變得濃烈並散發蒸氣，鍋內檸檬露顯得膨軟滑順即可熄火。
4. 在**3**中加入奶油攪拌均勻。等到變得滑順均勻即可趁熱裝瓶。*Point* 2

Point!

※1 只削下檸檬皮表面黃色部份。如果連白色部份都削下使用會很苦，要多注意。

※2 放冰箱冷藏，頂多保存1週～10天一定要食用完畢。

抹茶牛奶醬

用鍋子咕嘟咕嘟熬煮是很有樂趣的。但若時間不足時用微波爐煮倒也很方便。請使用無糖抹茶。

材　料　完成後份量約90ml

牛奶	…………	200ml
細砂糖	………	60g
抹茶	…………	2/3小匙（無糖）

作　法

1 耐熱大碗中放入牛奶與細砂糖，不需蓋上保鮮膜直接放進微波爐（弱）加熱3分鐘。Point 1

2 抹茶放入小碗中，一次取2大匙的1一點一點加入並攪拌均勻。

3 等抹茶完全不再結塊，呈現平滑狀時再放回大碗。

4 用微波爐（弱）加熱6分鐘，先取出來以打蛋器充分攪拌均勻，再放進去加熱5分鐘。Point 2

5 此時如果還未出現濃稠狀，可再度加熱30秒～1分鐘後攪拌並確認狀態，重複加熱直到出現濃稠狀。因為冷卻後會凝固，所以只要加熱至稍微濃稠即算OK。此外，因為一旦出現濃稠便會一口氣凝固，故加熱時，請以短時間加熱並確認狀態視情況重複加熱。

6 趁熱裝瓶。

※1　微波爐弱=500w
※2　4、5步驟使用打蛋器時，請以畫圓方式打泡，不要讓空氣進入。

Point!

洋蔥白酒醋醬

曾在愛爾蘭的假日市場買過好好吃的洋蔥醬，一邊思考如何重現當時的滋味，一邊做出了這個。適合搭配肉醬或火腿做成開胃小菜或前菜。

材　料　完成後份量約240ml

洋蔥 …………	1又1/2個
白酒醋 ………	35ml
細砂糖 ………	80g
鹽 ……………	2小撮
奶油 …………	10g
乾燥迷迭香 …	些許

作　法

1 洋蔥切薄後浸泡於清水10分鐘。拭除水分後切細。

2 將奶油放入鍋中以弱火融化，加入洋蔥和鹽、迷迭香稍微攪拌後蓋上蓋子。轉極弱火，一邊不時以膠杓攪拌至鍋底以防燒焦，一邊蒸煮20分鐘。

3 待洋蔥煮至釋出水分，加入細砂糖和白酒醋。

4 加強火力，一邊攪拌煮至水分收乾。

5 趁熱裝瓶。

豌豆帕馬森起士醬

漂亮的綠色抹醬，有著豌豆的甜味與起士的醇厚，美味得令人愛不釋口。可加入牛奶中調製成濃湯，也可加入鮮奶油中做成義大利麵醬汁，用途廣泛。放在冰箱冷藏可保存4、5天。

材　料　完成後份量約230ml

	豌豆	200g（冷凍品亦可）
	奶油	40g
A	帕馬森起士	3大匙
A	鹽	1/2小匙
A	肉豆蔻	少許
A	藏茴香	1/2小匙

作　法

1. 用熱水煮豌豆至柔軟。將奶油切小塊室溫軟化備用。
2. 可趁熱用篩子壓濾成泥狀（也可用食物處理機打成泥）。
3. 在**2**中加入奶油與A攪拌均勻，裝入瓶中。（若攪拌時豌豆冷卻了，可先用微波加熱後再加回去）Point

Point!

起士與肉豆蔻要用時才用刀削下使用，越新鮮越能提昇風味。

加入全麥麵粉的蛋糕，上面鋪滿草莓香草醬，外觀樸實。灑上餅乾脆皮與燕麥片，和香甜多汁的草莓搭配絕妙無比。

材　料　完成後份量為
15cm圓形蛋糕模1個

<蛋糕部份>

草莓香草醬…………150ml
（參照15頁）
奶油…………60g
雞蛋…………1顆
杏仁粉…………25g
蔗糖…………30g
低筋麵粉…………80g
全麥麵粉…………20g

<脆皮部份>

A ┌蔗糖…………20g
　 └低筋麵粉……20g
杏仁粉…………20g
奶油…………20g
燕麥片…………1/4杯

Point!

燕麥片可選擇加入乾果等等自己喜歡的種類。加入燕麥片是為了增添口感，如果手邊正好沒有也可以不使用。

作　法

【準備】

- 在蛋糕模底部與側面塗抹奶油（不包含於材料份量中），貼上烤盤紙。
- 將蛋糕用的60g奶油與雞蛋放在室溫中軟化。
- 將蛋糕用的低筋麵粉與杏仁粉過篩。
- 過濾草莓香草醬，分開糖水與果肉。

1 製作脆皮部份。在大碗中放入A用打蛋器充分攪拌均勻。

2 奶油切成1公分大小加入1中，一邊篩入麵粉一邊用手指將奶油與麵粉揉成粉粒狀。

3 將2與燕麥片混合攪拌，放入冰箱冷藏備用。Point

4 製作蛋糕部份。大碗中放入已恢復室溫的奶油，用打蛋器攪拌至滑順狀態。加入蔗糖，攪拌至呈現膨鬆狀態。

5 再加入杏仁粉繼續攪拌。一點一點加入打好的蛋液，攪拌均勻不讓蛋液與奶油等材料分離。

6 加入低筋麵粉與全麥麵粉，用膠杓輕輕攪拌。

7 倒入蛋糕模，將表面刮平，鋪上草莓果肉的部份。

8 上面再鋪上3步驟中製作的脆皮，送入先以180預熱的烤箱，烤45分鐘。

9 放涼後切好裝盤，淋上事先分離的果醬糖水，就可以享用囉。

製作果醬使用的甜味料種類

• **細砂糖**…1
不帶特殊風味，是能發揮水果天然原味的砂糖。因此本書中主要使用的也是這種細砂糖。此外容易買到也是它的優點。如果是在烘培用品專門店買到的顆粒更細的細砂糖，又更容易融入水果之中。

• **蔗糖**…2
兼具甘蔗風味與礦物質成份的砂糖。溫潤的甜味適合想做出質樸簡單的食物時使用。但因蔗糖的顏色是茶褐色，若重視果醬外觀顏色的話，還是選擇細砂糖比較好。

• **黑砂糖**…3
用甘蔗汁熬煮成的砂糖。醇厚的甜味與獨特香氣是黑砂糖最大的特徵。富含礦物質與維他命，是想兼顧營養時最好的選擇。用在製作果醬上時，推薦選擇粉末狀的黑糖。

• **粉砂糖**…4
細砂糖經過粉碎加工就是粉砂糖。粒子微細的粉砂糖，很快就能溶解在水果或液體之中。但因容易受潮結塊，開封後一定要保存在密閉容器中。

• **煉乳**…5
在牛奶中加入砂糖熬煮提煉，特徵是具有牛奶甜味與醇味，又稱為加糖煉乳。因為質地屬於濃稠液狀，所以無論是使用在固體或液體上都很容易調理。此外也買得到不含砂糖的無糖煉乳。

• **黃砂糖**…6
法國常見的黃褐色砂糖（cassonade），100%蔗糖製成。例如做烤布蕾時會先灑上黃砂糖再用噴槍烤出焦脆表面。買不到黃砂糖時用蔗糖代替也可以。

• **楓糖漿**…7
以楓糖樹的樹液熬煮的糖漿。富含礦物質，熱量低，是很健康的甜味料。品質上依顏色、明淨度和口感來分成三個等級，製作果醬時推薦加熱也不易流失風味的琥珀楓糖。

• **結晶砂糖**…8
溫醇的風味，外型呈現大顆結晶的砂糖。結晶砂糖有白色、紅色、茶色及黃褐色等等，本書中使用最容易買到的黃褐色結晶砂糖。

• **蜂蜜**…9
既然是花蜜，與水果當然搭配得渾然天成。但風味太獨特的蜂蜜容易掩蓋水果的風味，使用前請先試過味道選擇適用的蜂蜜。無法確定時就選擇洋槐花蜜或百花蜜吧。

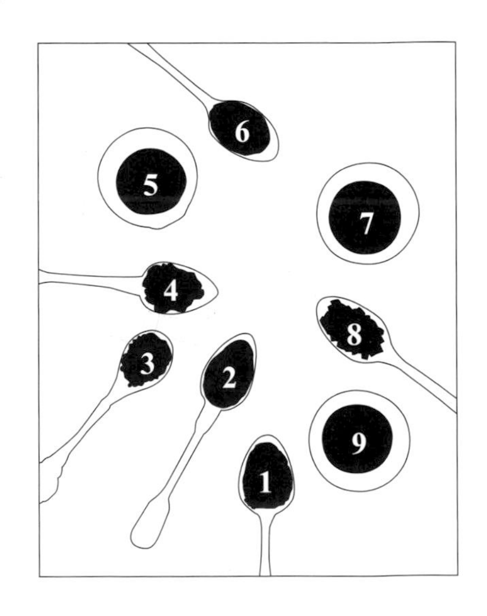

Summer
夏天的果醬
Strawbe
pear

She strayed off
the country of
mysterious jam.
I am becoming small.
Cherry
Jam
Cherry

奇異果杏子醬

黃綠色與橘色的配色，帶來滿滿元氣。塊狀果肉搭配奇異果籽的顆粒口感讓人上癮，是最適合夏天的清爽果醬。

材　料　完成後份量約220ml

奇異果 ………… 5個
細砂糖 ………… 100g
檸檬汁 ………… 2小匙
乾杏果 ………… 30g

作　法

1. 奇異果剝皮後切成1公分方塊。乾杏果切成5mm方塊。大碗裡放入奇異果與乾杏果，灑上細砂糖後放置20～30分鐘。
2. 等水分釋出後將1移到鍋中，以中強火加熱。輕輕撈掉沸騰後產生的浮沫。
3. 等浮沫全部撈掉後加入檸檬汁，稍將火力調弱。持續使用膠杓攪拌以防燒焦。
4. 等到只剩下一點水分，且出現些許濃稠感便可趁熱裝瓶。

放進碳酸汽水裡，裝入玻璃杯，
看著奇異果在氣泡中跳躍，就成
了一杯很適合夏日派對的飲料。
可以隨喜好增減蘭姆酒的份量。

奇異果蘭姆醬

材　料　完成後份量約200ml

奇異果 ……… 5個
蔗糖 ………… 90g
檸檬汁 ……… 1小匙
蘭姆酒 ……… 1小匙

作　法

1 奇異果剝皮後切成1公分方塊。灑上蔗糖，一邊搖晃大碗讓奇異果都沾滿蔗糖後，放置20～30分鐘。

2 等水分釋出後將1移到鍋中，開中強火加熱。沸騰後輕輕撈掉浮沫。

3 等浮沫全部撈掉後加入檸檬汁，稍將火力調弱。持續使用膠杓攪拌以防燒焦。

4 等到只剩下一點水分，且出現些許濃稠感便加入蘭姆酒稍微攪拌，趁熱裝瓶

葡萄白蘭地醬

擁有美麗紅寶石色澤的果醬。葡萄酸味較低，所以可多加一點檸檬汁。推薦可選用甲斐路或甲州、紅地球等品種的紅葡萄來製作。

材　料　完成後份量約240ml

葡萄……500g
細砂糖……150g
檸檬汁……3小匙
白蘭地……1/2小匙

作　法

1 葡萄一顆顆剝下洗乾淨後，拭除水分備用。

2 將葡萄對半切，以竹籤挑掉種籽，放入大碗中。灑上細砂糖，並搖晃大碗讓葡萄都沾滿細砂糖後，放置1～2小時。

3 細砂糖溶解後，加入2小匙檸檬汁，以中強火加熱。沸騰後輕輕撈掉浮沫。

4 等浮沫全部撈掉後加入1小匙檸檬汁，稍將火力調弱。持續使用膠杓攪拌以防燒焦。

5 煮至葡萄與葡萄皮分離，並呈現些許濃稠狀，最後加入白蘭地。Point

6 趁熱裝瓶。

Point!

葡萄皮其實也可以留下，並不影響美味。但若介意的話可在裝瓶前用筷子挑出來。

濃厚的芒果與杏仁的組合堪稱絕妙。由於味道紮實，適合抹在馬芬蛋糕或烤餅乾上吃。

芒果杏仁醬

材　料　完成後份量約200ml

芒果　……… 1個（350g）
細砂糖　…… 85g
杏仁片　…… 12g

作　法

1 芒果去皮除芯，切成小塊。
2 將芒果放入碗中，灑上細砂糖，搖晃大碗讓芒果都沾滿細砂糖後，放置20分鐘。
3 用平底鍋稍微焙煎杏仁片，使表面呈金黃色。
4 將**2**移至鍋中，以中強火加熱，並一邊用膠杓搗碎芒果。沸騰後輕輕撈掉浮沫。
5 煮至水分逐漸消失，出現濃稠狀。
6 加上杏仁片加熱煮開後熄火，趁熱裝瓶。

芒果黑胡椒醬

芒果與黑糖充滿南國風情，濃厚的甜味中帶著黑胡椒的刺激辣味。請使用粗粒黑胡椒，份量可以加得比想像中多一點，就能剛好取得平衡。

材　料　完成後份量約200ml

芒果 ………… 1個（350g）
黑砂糖 ……… 60g
粗粒黑胡椒 … 1/6小匙

作　法

1. 芒果去皮除芯，切成小塊。
2. 將芒果放入碗中，灑上黑砂糖，搖晃大碗讓芒果都沾滿砂糖後，放置20分鐘。
3. 將**2**移至鍋中，以中強火加熱，並一邊用膠杓搗碎芒果。沸騰後輕輕撈掉浮沫。
4. 煮至水分逐漸消失，出現濃稠狀。
5. 加入粗粒黑胡椒稍微攪拌，趁熱裝瓶。

鳳梨椰子醬

椰絲的獨特口感充滿魅力，加上甜美多汁的鳳梨，令人不禁大呼「夏天就是要吃這個」！椰片可先烤過增添香味，又可呈現另一種不同風味。

材　料　完成後份量約240ml

鳳梨 ………… 350g
細砂糖 ……… 90g
椰片 ………… 10g

作　法

1 鳳梨切成1公分塊狀。灑上砂糖，放置1小時。

2 將椰片切成椰絲。

3 將1移至鍋中，以中強火加熱。沸騰後輕輕撈掉浮沫。

4 待鳳梨形狀改變，質地變軟，便可加入椰絲，一邊用木杓攪拌一邊繼續煮。

5 煮至水分逐漸消失，出現濃稠狀，即可趁熱裝瓶。

○英式司康烤餅的作法請參照75頁

鳳梨奶油起士醬

酸甜的鳳梨果醬和奶油起士醬絕對是天生一對。可在風味質樸的英式烤餅上塗抹大量的鳳梨奶油起士醬，好好享受悠閒的下午茶時光。放入冰箱約可冷藏保存一週。

材　料　完成後份量約150ml

鳳梨椰子醬　…　60g（參照42頁）
奶油起士　……　120g
櫻桃白蘭地　…　1/4小匙

作　法

1　用保鮮膜包起奶油起士，微波加熱10秒。

2　用打蛋器將1攪拌至滑順後，加入櫻桃白蘭地。

3　加入果醬，一邊用膠杓攪拌並搗碎鳳梨，即告完成。

○ 英式司康烤餅的作法請參照75頁。

日式糖蜜醬（黑蜜•白蜜•抹茶）

最適合淋在剉冰或寒天、白玉湯圓上的日式糖蜜。自己動手作吃起來最安心又美味！因為少量，用直徑15cm的小鍋子來做最方便。

黑蜜

材　料　完成後份量約90ml

黑砂糖…………　100g
水………………　100ml
蘭姆酒…………　依喜好少量

作　法

1　篩過黑砂糖。如有較大結塊就將之磨碎。

2　將**1**放入小鍋，以中火加熱，並撈除產生的浮沫。浮沫撈乾淨後轉弱火，煮到表面產生光澤及濃稠狀。

3　熄火前，可先依喜好加入蘭姆酒。最後用茶壺濾網等過濾後裝瓶。

白蜜

材　料　完成後份量約90ml

結晶砂糖………　100g
水………………　100ml

作　法

1　將水與砂糖放入小鍋，以中火加熱，並撈除產生的浮沫。浮沫撈乾淨後轉弱火，煮到表面產生光澤及濃稠狀。

2　趁熱裝瓶。

抹茶

材　料　完成後份量約90ml

抹茶……………　2g
細砂糖…………　100g
水………………　100ml

作　法

1　將細砂糖與水放入小鍋，以中火加熱。抹茶另外放入小碗中。

2　砂糖水一沸騰後便取2大匙，一點一點加入抹茶中，並以打蛋器攪拌。

3　待抹茶不再有結塊或顆粒，呈現滑順狀態時再度放回鍋中加熱。沸騰後轉弱火，煮到表面產生光澤及濃稠狀。

4　趁熱裝瓶。

寒天

材　料

水……………　1杯
寒天粉………　2g

作　法

1　水與寒天粉放入鍋中，以中火加熱。沸騰後轉弱火並以打蛋器邊攪拌邊煮1分鐘。

2　從爐上取下，將寒天倒入模型。放涼後進冰箱冷藏定型，凝固後即可切成自己想要的形狀。

3　灑上適量的藍莓。

Point!

此時如果菜刀或砧板帶有溫度，寒天凍會融化，請多注意。

甘夏柑蜂蜜醬

材　料　完成後份量約250ml

甘夏柑	………	1顆（300g）
細砂糖	………	100g
蜂蜜	…………	80g

Point!

※1　川燙並倒掉煮汁…（請參照22頁）

※2　果膠…水果中富含的一種食物纖維，和糖份或酸一起加熱時會產生濃稠狀物質。

作　法

1 甘夏柑洗乾淨剝皮，將果肉與果皮分開。

2 果皮用熱水川燙並倒掉煮汁，切成粗條（也可以直接以食物處理機打碎）。 Point 1

3 果肉除去薄皮與種籽，用手撕開分成4、5等分。

4 薄皮與種籽和2杯半的水一同入鍋，弱火加熱20分鐘。等到煮出濃稠的果膠就可過篩，篩出水分備用。 Point 2

5 將2的果皮與4步驟中富含果膠的水分放入鍋中加熱，沸騰後轉弱火煮10分鐘。

6 將細砂糖與蜂蜜加入3的果肉中，以強火加熱。撈除產生的浮沫。

7 煮5分鐘後，試著吃看看果皮。果皮夠軟且產生濃稠狀時即可熄火。趁熱裝瓶。

蕃茄葡萄柚醬

材　料　完成後份量約240ml

蕃茄 ………… 400g
葡萄柚 ……… 2/3個
蔗糖 ………… 90g

作　法

1　蕃茄過熱水後去皮。Point 1

2　葡萄柚剝皮，取出果肉撕開。

3　鍋中放入蕃茄與葡萄柚的果肉，一邊用膠杓攪拌一邊以強火加熱。Point 2

4　加熱5分鐘，水分大致蒸發後即可加入蔗糖，繼續一邊攪拌一邊加熱，使水分持續蒸發。

5　等水分幾乎蒸發，果醬整體呈現些許濃稠感即可熄火，趁熱裝瓶。

Point!

※1　過熱水去皮…切掉蕃茄蒂頭，在蕃茄底部切開淺淺十字後過熱水約4秒，接著從切口處稍微剝開果皮後放入冷水。冷卻後拭除水分，便可輕鬆剝下蕃茄外皮。過熱水去皮之外的方法可參照48頁。

Point!

※2　第3與4步驟中，因為蕃茄加熱時容易噴濺，為了避免燙傷請戴上隔熱手套或粗棉布手套較安全。

紅豔豔的蕃茄做成酸酸甜甜的果醬，雖帶有水果風味卻是罕見的蔬菜醬。葡萄柚的微苦則成為恰到好處的點綴。如使用的蕃茄糖份較高，也可減少砂糖份量。

只要有這瓶果醬，就算沒有其他材料也能做出美味料理。除了沾鹹餅乾吃外，還可以當作義大利麵醬汁、漢堡醬汁或白斬雞醬汁甚至蛋包飯醬汁，是一罐用途多變化的萬能醬。

蕃茄羅勒醬

材　料　完成後份量約300ml

蕃茄 …………	500g
洋蔥 …………	1/2個
大蒜 …………	1片
天然鹽 ………	1小匙
乾羅勒 ………	1/2小匙
橄欖油 ………	2大匙
月桂葉 ………	1片

作　法

1 蕃茄過熱水後去皮，隨意切塊。洋蔥與大蒜切碎。 *Point*

2 鍋中倒入橄欖油，放入洋蔥與大蒜灑一點鹽，以弱火拌炒。

3 洋蔥炒軟後。加入**1**的蕃茄與月桂葉和羅勒，以中火加熱。沸騰後除去浮沫。

4 轉弱火，約煮20分鐘讓水分蒸發後熄火。趁熱裝瓶。

Point!

過熱水後去皮方法請參照47頁。
過熱水去皮之外的方法…蕃茄洗乾淨拭除水分，放進冰箱冷凍。取出冷凍的蕃茄沖冷水，也可輕鬆剝除外皮。

可加入咖哩醬或燉雞肉，也可當做沙拉醬使用，或直接用蔬菜棒沾取來吃。酸甜中帶辣味，即使是炎熱夏季也令人食指大動。放置一天再食用味道更棒。

芒果沾醬

材　料　完成後份量約300ml

芒果	大1顆（400g）
蔗糖	40g
洋蔥	1/4個
大蒜	1片
生薑	1片
白酒醋	2大匙
豆蔻	2個
紅辣椒	1條

作　法

1 芒果去皮除芯，切成1cm方塊。洋蔥、大蒜和生薑皆磨成泥狀。紅辣椒對半切開，取出種籽。豆蔻於中央劃開一道開口備用。Point

2 將除了白酒醋之外的材料放入鍋中，以中火加熱，一邊以膠杓攪拌並搗碎食材，一邊煮至水分蒸發。

3 將**2**與白酒醋一起放到食物處理機中，打到呈滑順狀再放回鍋裡加熱，沸騰後趁熱裝瓶。

生薑如果是無農藥的可連皮一起磨泥，風味更佳。

夏天最令人期待的甜點就是冰淇淋了。如果能搭配果醬，更能做出各種不同種類的冰淇淋。內含果醬的冰淇淋口感柔軟，滋味豐富，吃起來真是一大享受。

材　料　4～6人份

蛋黃 ………… 4顆
牛奶 ………… 320ml
細砂糖 ……… 80g
鮮奶油 ……… 100ml
選擇自己喜歡的夏季果醬　2/3杯

作　法

1. 大碗中放入蛋黃打散，加入細砂糖再用打蛋器一直打到外觀呈白色。
2. 小鍋中放入牛奶加熱，快沸騰時一點一點加入**1**，並均勻攪拌。
3. 將**2**用細的濾網（例如茶壺濾網）濾過後再放回鍋裡，一邊以弱火加熱一邊用膠杓攪拌。
4. 等表面上浮起的泡沫消失，呈現些許濃稠狀時即可熄火，將鍋內材料移至大碗中。將大碗泡入冰水中冷卻。
5. 另取一碗放進鮮奶油，一邊隔冰水冷卻一邊用打蛋器打約8分鐘，直到鮮奶油立起時尖端不下垂為止。
6. 在**4**中加入喜歡的果醬，攪拌均勻。接著將**5**分兩次加入後繼續攪拌均勻。最後將碗中材料換到另一個不鏽鋼或琺瑯製的容器內，放入冰箱冷凍凝固。
7. 開始凝固後取出，整體用叉子攪拌再冰回冰箱。重複兩次。

※圖前方杯中為：上／奇異果杏子醬口味（36頁），下／芒果杏仁醬口味（40頁）。後方杯中為／葡萄白蘭地醬口味（39頁）。

製作果醬使用的酒類

• 蘭姆酒…1

以蔗糖為原料的蒸餾酒。本書中使用的是黑蘭姆酒。

• 櫻桃白蘭地…2

櫻桃經過發酵，蒸餾，熟成而完成的櫻桃白蘭地酒。

• 蘋果白蘭地…3

以法國北部諾曼第特產的蘋果為原料製成的白蘭地酒。

• 紅酒…4

因為需要加熱，也可選擇料理專門用的紅酒。

• 君度橙酒…5

無色透明的白色柑香酒，帶有清爽柑橘香。

• 白酒…6

比起甜度較高的果醬，白酒更適合搭配有適度酸味的果醬。

• 咖啡酒…7

以咖啡豆製成的酒。與牛奶混合製成的「咖啡奶酒」最為有名。

製作果醬使用的辛香料•香草種類

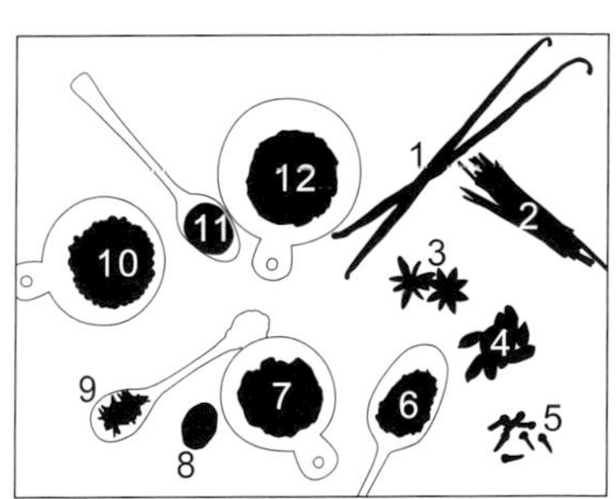

• **香草豆莢**…1

甜膩濃厚的香草香料。切開豆莢取出種籽使用。

• **檸檬草**…2

具有檸檬般的清爽香氣，是泰式酸辣湯等泰國料理必備的香料。

• **八角**…3

獨特的氣味香中帶苦，多使用於中華料理。因風味強勁，使用時少量即可。

• **豆蔻**…4

醇厚的辣味中帶著微苦。只要用菜刀切一小角加入料理中就可為增添食物風味。

• **丁香**…5

帶有清爽的香草香氣與些微辣味。

• **羅勒**…6

蕃茄醬料中不可或缺的香草。香氣容易散逸，開封後請盡早食用完畢。

• **玫瑰果**…7

酸甜口味，富含大量維他命C，屬於薔薇科的植物果實。

• **肉豆蔻**…8

甜味與些微苦味形成良好平衡。每次使用時從整顆肉豆蔻上削下一些使用，更能保持新鮮原味。

• **迷迭香**…9

爽口的味道與令人放鬆身心的香氣。也常被用於芳香療法。

• **粉紅胡椒**…10

雖然名為胡椒卻不像胡椒辛辣，只有些微酸味與澀味。

• **肉桂**…11

具有獨特的清涼感與甘甜味，是很受歡迎的香料。除了粉狀也可買到棒狀的肉桂。

• **藏茴香**…12

帶有淡淡甜味與清香，常使用於增添麵包風味。

Autumn
秋天的果醬
pear

It is in the midst of the tea party here.
So nice. I wanna eat too.
10/6
Cherry Jam
Cherry

幾乎可當成甜點享用的美味蕃薯醬。越接近蕃薯皮的部位營養越豐富，所以最好連皮使用。如果買不到豆蔻也可用肉桂代替。冰箱冷藏可保存4、5天。

材　料　完成後份量約300ml

蕃薯 ………… 250g（完整用量）
黃砂糖 ……… 80g
鮮奶油 ……… 50ml
豆蔻粉 ……… 1/3小匙

作　法

1 蕃薯切成1cm方塊，浸水10分鐘。拭除水分後，在鍋中放入差一點蓋過材料份量的水，川燙蕃薯至變得柔軟。

2 將1的水分瀝乾，趁熱搗成泥（也可使用食物處理機）。加入黃砂糖與豆蔻粉，攪拌均勻。

3 將2移至鍋中，加入鮮奶油以弱火加熱。一邊用膠杓均勻攪拌全體材料，避免燒焦。

4 鍋底變乾後即可熄火，趁熱裝瓶。

帶著醇厚奶香的煉乳，為南瓜增添甜味並令口感綿滑。
可當抹醬，或用派皮包起來烤，輕輕鬆鬆完成南瓜派。
放冰箱冷藏可保存4、5天。

材　料　完成後份量約250ml

南瓜　…………　250g（去皮去籽後）
煉乳　…………　65g
牛奶　…………　100ml
奶油　…………　15g

作　法

【準備】奶油於室溫中放置軟化

1 南瓜去皮去籽後，切成一口大小，裝入耐熱碗中蓋上保鮮膜，以微波爐加熱4分鐘至可以竹籤穿過即可。

2 將1過篩使其變成綿滑泥狀。Point

3 將2以及剩餘材料放入鍋中，攪拌過後以弱火加熱，一邊用膠杓攪拌至鍋底避免燒焦。

4 一開始沸騰立刻熄火。趁熱裝瓶。

Point!

將煮熟的南瓜篩成泥狀時，一點一點加入比較順手。當然也可以使用食物處理機。

無花果蘭姆醬

帶有蘭姆酒香的無花果醬，淋在冰淇淋上食用的吃法成熟洗練。建議當餐後甜點。

材　料　完成後份量約220ml

無花果……300g（4～5個左右）
細砂糖……130g
蘭姆酒……1又1/2小匙

作　法

1　無花果剝皮後切碎放入大碗，灑上細砂糖並搖晃大碗讓無花果沾滿砂糖。加入1小匙蘭姆酒，放置一小時。

2　將1移至鍋內以中強火加熱。撈除產生的浮沫。

3　以木杓一邊壓碎無花果一邊煮。

4　加入剩餘的蘭姆酒，趁熱裝瓶。

無花果丁香醬

無花果清淡怡人的甜味很受女性歡迎，和清爽刺激味蕾的丁香可形成絕妙搭配。刻意在果醬中保留大塊無花果增添口感。

材　料　完成後份量約240ml

無花果 …… 300g
（4～5個左右）
細砂糖 …… 110g
白酒 ……… 1大匙
丁香 ……… 1個

作　法

1 無花果剝皮切成8等分，灑上細砂糖並搖晃大碗讓無花果沾滿砂糖。加入丁香，放置一小時。Point

2 將1移至鍋內，加入白酒並以中強火加熱。撈除產生的浮沫。

3 將火轉弱，用膠杓小心攪拌，不使無花果形狀碎裂。等果汁水分蒸發變少，產生些許濃稠感時便可熄火，趁熱裝瓶。

Jam

Point!

時間不夠的話，可蓋上保鮮膜微波加熱2分鐘。

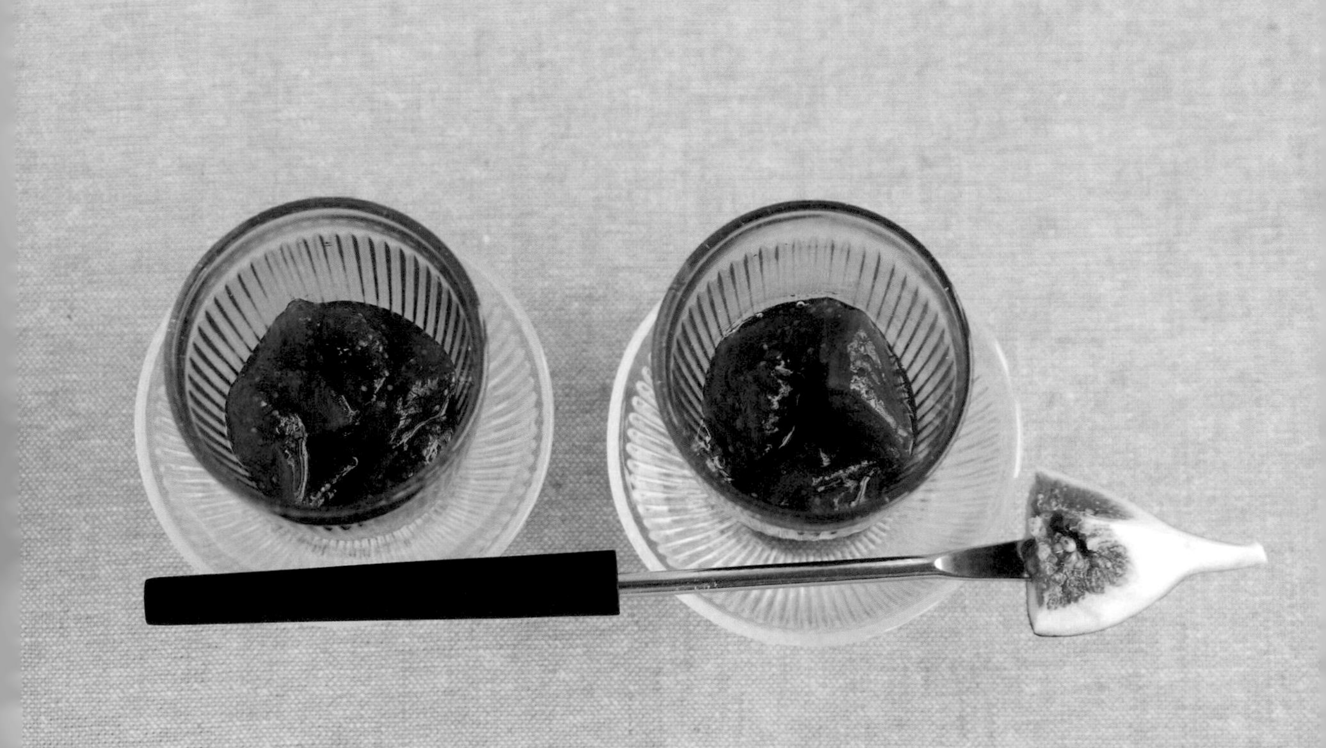

栗子的甜味與生薑的辛辣，再加上可可亞的微苦形成絕妙平衡。帶點日式的風味，很適合搭配蕎麥粉烤鬆餅。如手邊沒有新鮮栗子也可使用市售的水煮甘栗或糖水甘栗等加工品。放冰箱冷藏可保存4、5天。

栗子可可亞生薑醬

材　料　完成後份量約280ml

糖水甘栗 …… 300g
生薑 ………… 1片
可可亞粉 …… 2小匙（無糖）
白蘭地 ……… 1小匙
A［糖水甘栗的糖水……3大匙
　 水……2大匙

作　法

1 川燙生薑倒掉煮汁後剝皮，切碎。小鍋中裝入A與生薑，煮至生薑變軟。中途如水分不足可再加水。Point 1

2 將糖水甘栗放在耐熱盤上，蓋上保鮮膜微波加熱1分30秒。趁栗子尚未冷卻，將其篩成泥狀（也可使用食物處理機）。

3 在2中加入瀝乾水分的1，灑上可可亞粉，加入白蘭地，用膠杓攪拌均勻即告完成。

糖水栗子的作法（容易製作的份量）

栗子 ………… 500g
細砂糖 ……… 230g
水 …………… 2杯

Point!
※1　川燙後倒掉煮汁…參照22頁。
※2　泡熱水能讓栗子皮更好剝。

1 栗子浸泡在熱水中約10分鐘後連澀皮一起剝乾淨，再浸泡清水中去除浮沫。Point 2

2 栗子入鍋，鍋中裝滿足夠的水，將栗子煮到柔軟但不變形。為了防止栗子變形，記得一沸騰後立刻轉弱火。

3 取出栗子，拿乾淨的鍋子裝入材料內的水與細砂糖煮沸。

4 轉弱火放入栗子，蓋上鍋蓋再煮10分鐘。熄火，放置一個晚上令糖水滲入栗子中。

○蕎麥粉鬆餅的作法請參照75頁。

梨子醋橘醬

不帶酸味的梨子加上醋橘，使得甜甜的果醬頓時爽口有勁。因為果膠較少，必須熬煮到幾乎所有水分都蒸發的程度。

材　料　完成後份量約200ml

日本梨 ……… 大1個（450g）
細砂糖 ……… 150g
醋橘果汁 …… 1又1/2大匙

作　法

1. 梨子削皮後切成放射狀8等分，去除果芯，再切成厚度5mm的扇形。
2. 將1放入大碗內，灑上細砂糖放置1～3小時直到水分完全釋出。
3. 將2移至鍋內，以中強火加熱。撈除產生的浮沫。
4. 浮沫都撈除乾淨後加入醋橘果汁，一邊用膠杓攪拌均勻，避免燒焦。
5. 一直煮到水分幾乎都蒸發即可熄火，趁熱裝瓶。

乾蜜棗紅酒八角醬

以法國的熱紅酒「vin chaud」的印象來製作的果醬。醃漬一晚後，乾蜜棗吸收了滿滿的香料風味，品嚐時口中充滿成熟優雅的滋味。

材　料　完成後份量約180ml

乾蜜棗 ………	150g（無籽）
黃砂糖 ………	40g
八角 …………	1個
紅酒 …………	1杯
肉桂棒 ………	1根

作　法

1. 乾蜜棗洗淨後用刀切碎，與紅酒、八角及肉桂棒一起放入大碗中，蓋上保鮮膜醃漬一個晚上。
2. 將1移至鍋中，弱火加熱。沸騰後加入黃砂糖，一邊繼續以弱火煮一邊用木杓攪拌以防燒焦。
3. 水分都收乾，全體材料收束在一起了即可熄火，趁熱裝瓶。

堅果 紅蘿蔔醬

紅蘿蔔鮮艷的橘紅色令人想起秋天的楓紅。這是一道以蔬菜為基底的健康果醬，加入檸檬草，入口之後餘味無窮。

材　料　完成後份量約200ml

紅蘿蔔 ………	大2條（約400g）
蘋果汁 ………	300ml（選擇無糖果汁）
細砂糖 ………	140g
無鹽杏仁碎片	6g
檸檬草 ………	5根

作　法

1. 將杏仁碎片用平底鍋煎至焦黃酥脆。紅蘿蔔切扇形薄片備用。
2. 鍋中放入紅蘿蔔與蘋果汁、檸檬草加熱，沸騰後轉弱火。
3. 10分鐘後加入細砂糖。煮到紅蘿蔔產生光澤並變得柔軟即可熄火，取出檸檬草。
4. 用食物處理機打成滑順泥狀，放回鍋中。加入杏仁碎片煮開後趁熱裝瓶。

核桃
蜂蜜醬

核桃請盡量在要加入之前才烤，能帶來足夠的香氣。核桃蜂蜜醬很適合拿來拌菠菜或小芋頭，可說是萬能醬料。

材　料　完成後份量約80ml

核桃……100g
蜂蜜……1大匙
黑砂糖……3大匙
奶油……30g

作　法

【準備】奶油切小塊放置室溫軟化。

1　170度預熱烤箱，放入核桃烤9分鐘。切碎烤好的核桃後放進磨缽研磨出黏度。
Point

2　將蜂蜜、奶油、黑砂糖都加入磨缽中，攪拌研磨至全體呈現滑順泥狀即可。

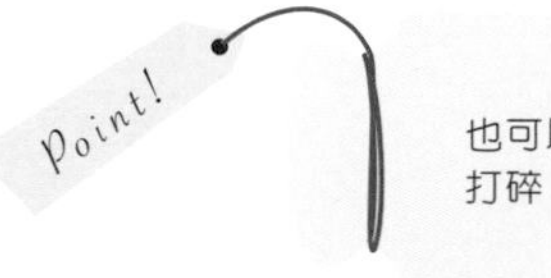

也可以使用食物處理機打碎。

味道溫和的花豆搭配微甜的楓糖恰到好處。因花豆的薄皮富含食物纖維，雖可依喜好剝除，但為保留完整營養較建議留下。放冰箱冷藏約可保存5天。

花豆黃豆粉楓糖醬

材　料　完成後份量約200ml

花豆　……　川燙過的花豆160g
黃豆粉　…　10g
楓糖漿　…　65g

作　法

1 以食物處理機將花豆打成滑順泥狀。Point 1
2 加入黃豆粉與楓糖漿，攪拌30秒即告完成。

川燙花豆的方法

雖然也可以使用罐裝水煮花豆，不過自己煮的風味和口感都美味許多。因為煮起來頗花時間，建議可以一次煮多一點，剩下的用來煮湯入菜，或加進蔬菜沙拉等其它料理也很方便。多煮的份量只要分小包裝冷凍起來就可以了。

1 花豆水洗乾淨後，浸泡在清水中一個晚上。
2 換乾淨的水川燙後倒掉煮汁。Point 2
3 再注入足夠的水，沸騰後轉弱火煮40~60分鐘。
4 直到花豆煮軟後瀝乾即可使用。

Point!

※如果沒有食物處理機，請先去除薄皮再壓成泥。
※川燙倒掉煮汁…請參照22頁。

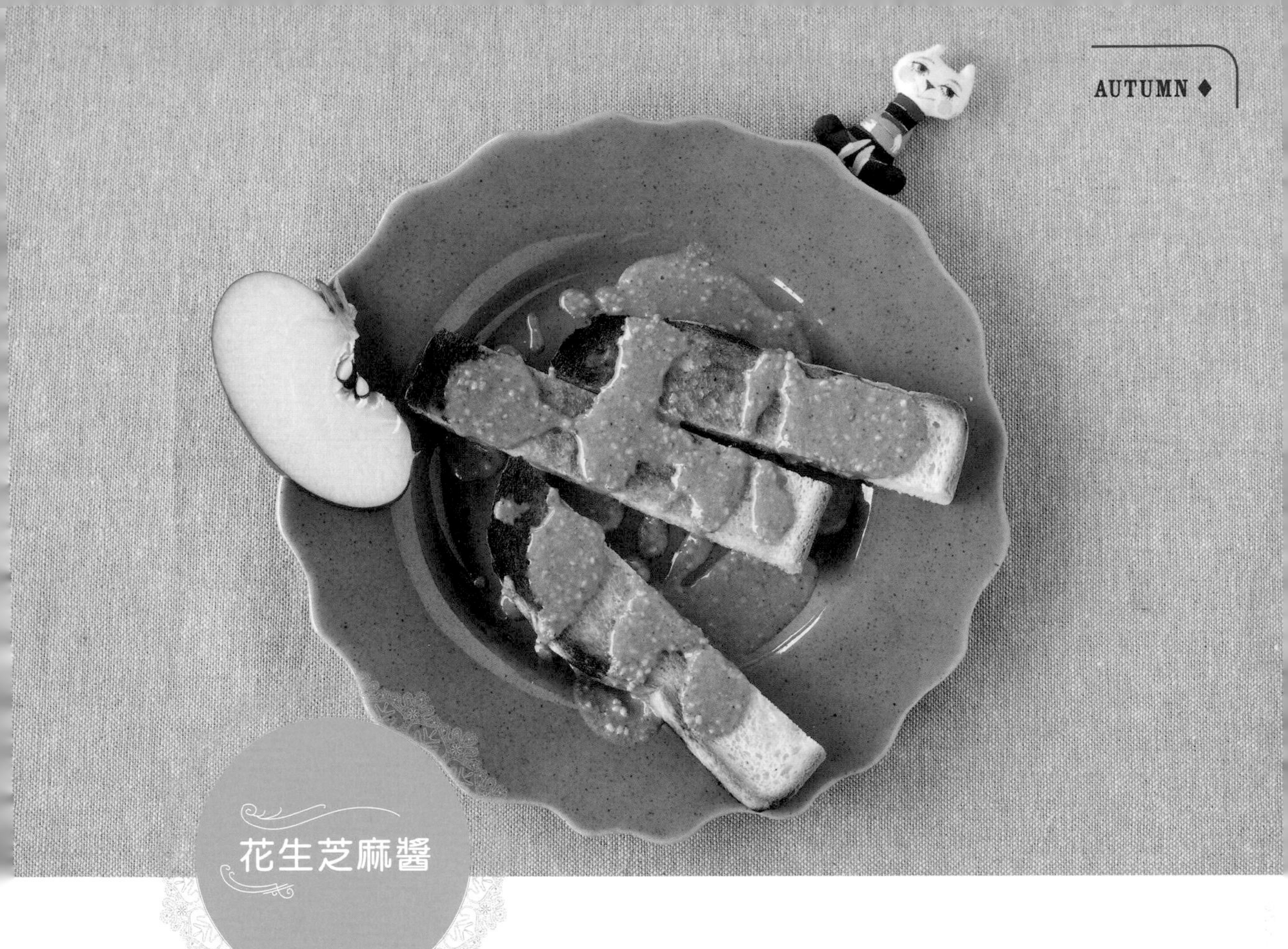

花生芝麻醬

融合奶油花生醬與芝麻醬的抹醬，滋味當然也雙倍醇厚。如果使用的是剛焙煎好的花生，將更能提昇風味。也可以將沙拉油換成麻油，加強芝麻香氣。

材　料　完成後份量約250ml

生的花生　……　120g（去皮後）
白芝麻　………　55g
蔗糖　…………　30g
沙拉油　………　1/4杯

作　法

1 剝開花生取出花生米，用平底鍋焙煎大約20分鐘後，挑掉自動脫落的薄皮。接著一樣焙煎白芝麻到飄出香味即可。

2 花生米切碎，白芝麻40g用磨缽研磨。磨成細粉狀後加入蔗糖繼續磨，直到出現黏度並滲出油份即可。Point 1・2

3 一點一點加入沙拉油，攪拌均勻。等到芝麻花生變得滑順了，再加入剩下的白芝麻混合。

Point!

※1　時間不夠的話，可以直接買炒好的花生和芝麻來用，直接跳第2步驟。
※2　沒有磨缽也可以用食物處理機打碎。加入其他材料的時機和磨缽一樣。

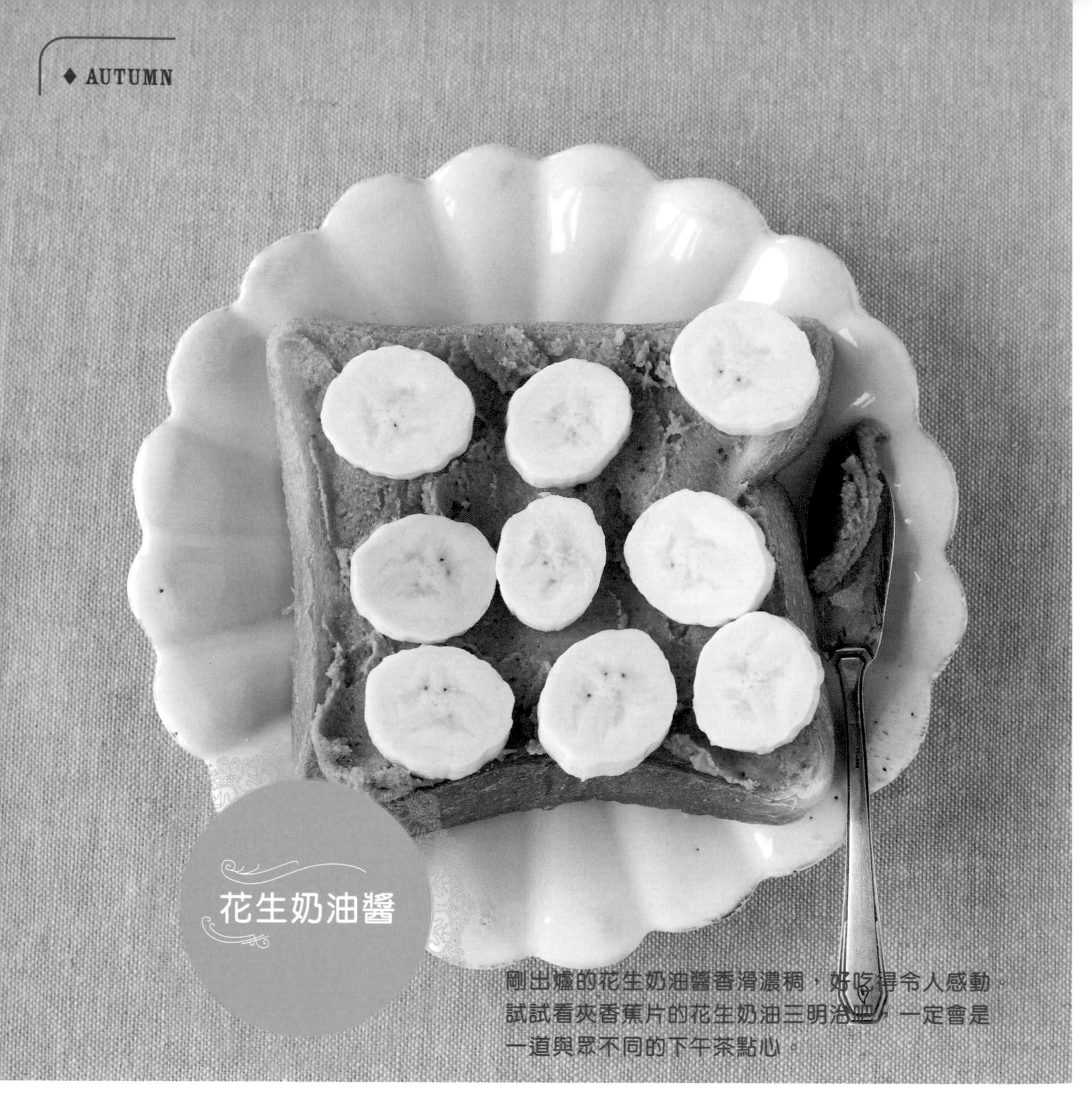

花生奶油醬

剛出爐的花生奶油醬香滑濃稠，好吃得令人感動。試試看夾香蕉片的花生奶油三明治吧，一定會是一道與眾不同的下午茶點心。

材　料　完成後份量約180ml

生的花生 …… 120g（去皮後）
奶油 ………… 50g
黑砂糖 ……… 25g

沒有磨缽也可以用食物處理機打碎。加入其他材料的時機和磨缽一樣。

Point!

作　法

【準備】奶油於室溫中放置軟化

1 剝開花生取出花生米，用平底鍋焙煎大約20分鐘後，挑掉自動脫落的薄皮。奶油切成小塊。

2 花生米切碎，用磨缽研磨。呈細粉狀後加入黑砂糖繼續研磨，直到出現黏度並滲出油份後加入奶油，攪拌研磨至全體呈滑順泥狀，即告完成。Point

茄子風味抹醬

除了當作抹醬，也可用生菜捲起來吃，或拿來拌麵線等等……食用前可加一點香菜及花生，風味絕佳。放冰箱冷藏可保存2天。

材　料　完成後份量約200ml

茄子	5根
大蒜	1片
檸檬汁	2小匙
魚露	1又1/2大匙
麻油	1小匙
蔗糖	2小匙

作　法

1　茄子洗淨拭乾水分後，放在烤網上。用強火烤至全體焦黑，焦皮翹起時即可熄火剝皮（此時請小心燙手）。

2　大蒜切碎後，與所有材料一起放進食物處理機，打至全體變成滑順泥狀即告完成。Point

Point!

如果沒有食物處理機，可先將茄子用刀背敲一敲再放進大碗裡，加入其他材料後用打蛋器充分攪拌。享用之前再加上切碎的香菜會更好吃。

圓圓扁扁，有著可愛外型的馬卡龍，是最適合夾果醬的小點心。可以搭配甜味清淡的果醬，也可以嘗試帶有酸味或微苦的果醬。試著創造出不甜膩、恰到好處的味道吧。

材　料　約15個

蛋白 ……………… 35g
細砂糖……………… 35g
A ┌ 杏仁粉 ……… 30g
　└ 粉砂糖 ……… 40g

花生奶油醬………… 份量可隨喜好增減（參照70頁）

作　法

【準備】

- 將A混合在一起，過兩次篩。
- 在擠花袋口裝上直徑1cm的金屬花嘴。
- 鋪上烤盤紙。

1 蛋白放進小碗裡打發。全體打發了之後分8次左右加入細砂糖，每次加入都必須攪拌均勻，做出紮實的蛋白霜。

2 將A加入**1**，用膠杓攪拌均勻。

3 使用膠杓平的那一面，一邊壓平泡沫一邊持續攪拌。如此一來原本泡狀的蛋白霜份量會減少，並漸漸產生光澤，變得柔軟。

4 將蛋白霜打到用膠杓撈起來向下垂落時，呈現寬扁緞帶狀（斷斷續續也沒關係）就可以裝進擠花袋。用手指沾取碗裡殘留的蛋白霜，可以用來固定烤盤紙的四個角落。

5 一次擠出一個直徑1.5cm的圓頂小球。擠出所有小球後，從下方敲敲烤盤可以敲出多餘的空氣。如果產生氣泡，可用牙籤刺破。就這樣放置15分鐘。

6 烤箱預熱220度，放進烤盤後轉為170度烤7分鐘。烤好後放在鐵網上充分放涼了才取下。

7 2片一組，中間依喜好夾進任意份量的奶油花生醬。另外也推薦夾「乾蜜棗紅酒八角醬（參照65頁）」或「核桃蜂蜜醬（參照67頁）」。

和果醬同在一起…

除了手工果醬之外，如果連搭配的麵包或英式鬆餅都自己做，一桌的美食就成為更加奢侈的享受。只要前一天將材料事先準備好，不管是忙碌的早晨，還是悠閒的下午茶時間，果醬都能大顯身手。以下便為各位介紹這些最適合搭配果醬的點心製作方法。

法式吐司（參照14頁）

材　料　2人份

法式棒子麵包切片……　6～8片
（每片厚1.5cm）
奶油……………………　10g

A	打散的蛋汁 ……	1顆蛋
	牛奶 ……………	100ml
	粉砂糖 …………	15g

作　法

1. 大盤子裡放入A攪拌均勻後，將棒子麵包放進去浸泡1小時。中途記得翻面。
2. 平底鍋中放奶油加熱，轉中弱火將1排放上去。
3. 等煎出金黃色了就可以翻面。翻面後轉弱火，將背面也煎出漂亮的金黃色。
4. 裝進盤中，淋上優格醬和草莓果醬。

<優格醬>

1. 將原味優格放進鋪了餐巾紙的簍子裡放在冰箱冷藏一個晚上，去除水分。
2. 移至大碗中，攪拌均勻滑順即可使用。Point

瀝出的優格液中富含營養成份，可以加入味噌湯或其他濃湯內。

英式司康烤餅（參照42-43頁）

材　料　12個分

奶油……………　50g
麵粉……………　180g
A ┌ 麥麩　……　30g
　 │ 酵母粉　…　10g
　 └ 蔗糖　……　15g
B ┌ 蛋黃　……　1顆
　 └ 牛奶　……　80ml
牛奶　…………　些許

作　法

【準備】將切薄的奶油放進冷藏庫備用。並先將B材料混合。

1　A放進大碗裡，用打蛋器徹底攪拌混合。

2　放進奶油，將麵粉篩進碗中混合，並用刮板分成條狀。

3　用手指搓揉粉糰，使其呈現起士粉般的外觀。

4　在粉糰中央做一凹洞，倒進B。在刮板上沾一層麵粉後，以切麵糰的方式和麵。

5　等麵糰中看不見液體了，就可分為兩份以同方向相疊，再切再重疊…，重複10次直到麵糰質地勻稱。

6　麵糰質地勻稱後，用保鮮膜包起放入冰箱冷藏半天。

7　將麵糰擀開，成為約14cm×16cm的麵皮，切成12等分。

8　將12個小麵糰排放在烤盤紙上，表面刷上牛奶，放進預熱210度的烤箱烤15分鐘。

蕎麥粉鬆餅（參照62頁）

材　料　迷你尺寸15片

雞蛋……………　1顆
蔗糖……………　20g
沙拉油…………　1大匙
牛奶……………　70ml
A ┌ 低筋麵粉　80g
　 │ 蕎麥粉　…　20g
　 └ 酵母粉　…　2/3小匙

作　法

1　雞蛋在碗中打散，依序加入蔗糖、沙拉油、牛奶，再用打蛋器攪拌混合。加入篩過的A，攪拌均勻後放置30分鐘。

2　平底鍋內倒一點沙拉油（材料份量外），

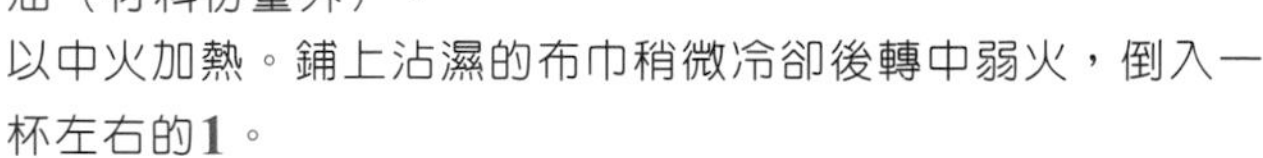
以中火加熱。鋪上沾濕的布巾稍微冷卻後轉中弱火，倒入一杯左右的1。

3　蓋上蓋子煎，看到表面開小洞時即可翻面烤背面。15片都用同樣方式烤。

Strawbe
pear

Winter
冬天的果醬
Cherry Jam
Cherry
She took a nap in the suntrap.
There is a secret country only of me that smells sweet.

金桔味醂醬

取出金桔籽雖然比較費工，但用當季採收的金桔做的果醬絕對值得一試。搭配味醂看似意外組合，其實味醂不但可帶出果醬的光澤，還能增加醇厚風味。

材　料　完成後份量約300ml

金桔 ………… 250g
細砂糖 ……… 90g
味醂 ………… 80ml
水 …………… 150ml

作　法

1 金桔切下蒂頭，對半切後用竹籤挑出種籽。

2 小鍋中放進種籽與150ml水，以弱火加熱10分鐘熬出果膠後濾出。Point

3 鍋中放入金桔與2濾出的水，再加入味醂後加熱。沸騰即可轉弱火繼續煮。

4 煮5分鐘後加入細砂糖，再繼續加熱。撈除浮沫。

5 等金桔充分變軟，糖水出現濃稠狀時即可熄火。趁熱裝瓶。

果膠…請參照46頁。

飽含橙皮甜酒糖漿的金桔，可直接泡熱水喝，為冬天注入一股暖意，連身體深處都溫暖起來，是最適合冬天的果醬。

材　料

完成後份量約300ml

金桔	250g
細砂糖	120g
水	200ml
橙皮甜酒	1小匙

作　法

1　金桔切下蒂頭，對半切後用竹籤挑出種籽，再對半切。

2　小鍋中放進種籽與200ml水，以弱火加熱10分鐘熬出果膠後濾出。Point

3　鍋中放入金桔與2濾出的水加熱，沸騰即可轉弱火繼續煮。

4　煮5分鐘後加入細砂糖，再繼續加熱。撈除浮沫。

5　等金桔充分變軟，糖水出現濃稠狀時即可加入橙皮甜酒，攪拌一下熄火。趁熱裝瓶。

果膠…請參照46頁。

開心果柚子醬

與春夏產的柑橘種類相比，以柚子製成的果醬清香高雅，不只可塗抹在麵包上，還可加熱水做成冬天的必備飲料柚子茶。

材　料　完成後份量約400ml

日本柚子 ……	250g（約2～3顆）
蔗糖 …………	150g
水 ……………	240g
開心果 ………	15g

作　法

1. 柚子切下蒂頭，對半切後用竹籤挑出種籽。開心果切成5mm方塊，放進170度烤箱焙烤備用。
2. 小鍋中放進種籽與240ml水，以弱火加熱10分鐘熬出果膠後濾出。*Point* 1
3. 柚子剝皮後，果肉連薄皮一起切碎，果皮川燙後倒掉煮汁（怕苦的人可川燙1～3次）去除苦味。*Point* 2
4. 鍋中放入**2**濾出的水與**3**，以中弱火加熱。10分鐘後放入蔗糖，轉弱火加熱10～15分鐘。
5. 果皮充分變軟，全體出現些許濃稠狀時即可加入開心果。稍微煮開後熄火，趁熱裝瓶。

Point!

※1　果膠…請參照46頁。
※2　川燙倒掉煮汁…請參照22頁。

香蕉咖啡酒醬

加入咖啡酒，帶出成熟優雅的香氣與風味。請使用帶黑斑，已完全熟成的香蕉。

材　料　完成後份量約180ml

香蕉　…………　2根（約200g）
蔗糖　…………　70g
咖啡酒　………　1大匙

作　法

1 香蕉剝皮，切成1cm小塊。

2 鍋中放入蔗糖後，上面再放上香蕉。

3 以弱火加熱**2**，等砂糖溶解後便一邊以木杓搗碎香蕉，煮至呈現泥狀。隨時攪拌至鍋底，以防燒焦。

4 煮至全體乾鬆，水分幾乎蒸發時，即可加入咖啡酒。

5 轉強火略為加熱即可熄火，趁熱裝瓶。 *Point*

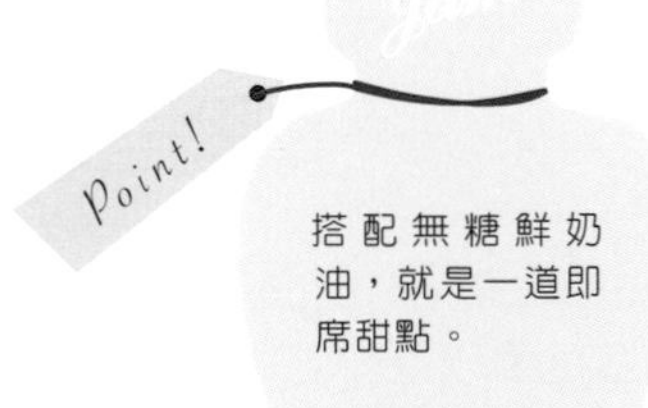

杏仁巧克力醬

煮成焦糖色的杏仁嚐起來有著堅果般醇厚的風味，濃厚程度可比美生巧克力。巧克力則使用點心專用的甜點巧克力。放冰箱冷藏可保存10天左右。

材　料　完成後份量約300ml

杏仁片 ……… 50g
細砂糖 ……… 50g
水 …………… 1小匙
巧克力 ……… 80g
A
- 煉乳 …… 30g
- 鮮奶油 … 200ml
- 細砂糖 … 10g

作　法

【準備】在大盤子上鋪好烤盤紙備用

1 烤盤上鋪滿杏仁片，以170度焙烤10分鐘。途中重複兩次打散全體杏仁片，目的是讓所有杏仁片都能均勻烤出顏色。

2 小鍋中放入細砂糖與水，以中火加熱。細砂糖溶解顏色變深後轉弱火繼續熬煮。這時若使用扁杓攪動會使細砂糖結晶化，所以要用晃動鍋子的方式使全體焦糖呈均勻狀態。

3 2的鍋子開始冒煙，且材料變焦糖色後即可熄火，很快加入1的杏仁片攪拌，鋪在預先準備的烤盤紙上。趁還沒完全冷卻前用手掰開放進食物處理機，打成粉碎狀。（也可用磨缽研磨）。

4 巧克力切細放進大碗裡。

5 洗乾淨的小鍋中放入A加熱，沸騰後便注入4，用打蛋器攪拌均勻呈滑順霜狀（如果此時巧克力沒有完全溶解，則再以弱火繼續加熱）。

6 將3加入5之中，攪拌均勻即告完成。

生薑焦糖醬

微辣的生薑與帶點苦味的焦糖奶油所組合成的抹醬。請嘗試大量塗抹在麵包上大快朵頤吧。製作焦糖時，徹底燒焦的焦糖反而能平衡抹醬的風味。放冰箱冷藏約可保存3週。

材　料　完成後份量約150ml

生薑 ………… 1片
細砂糖 ……… 170g
水 …………… 1大匙
鮮奶油 ……… 200ml

作　法

1. 小鍋中放入已削皮磨成泥的生薑與鮮奶油，加熱直到接近沸騰後熄火，蓋上鍋蓋燜5分鐘後取出，以茶壺濾網等細密濾網過濾，過濾時可用湯匙按壓，連生薑精華一起壓出來。
2. 洗乾淨的小鍋內放入細砂糖與水，中火加熱。細砂糖溶解顏色變深後轉弱火繼續熬煮。這時若使用扁杓攪動會使細砂糖結晶化，所以要用晃動鍋子的方式使全體焦糖呈均勻狀態。
3. **2**開始冒煙，並變成焦糖色後即可熄火。一點一點分批加入**1**，混合攪拌直到呈滑順泥狀。
4. 以弱火加熱**3**，一邊用膠杓攪拌一邊熬煮至出現些許濃稠狀。熄火趁熱裝瓶。

蘋果烤杏仁與卡巴度斯蘋果酒醬

抽出蘋果皮的紅色，使完成的果醬帶著粉嫩色澤。建議使用帶有酸味的紅玉蘋果，如果沒有紅玉的話，材料中可加入1小匙檸檬汁。

材　料　完成後份量約300ml

蘋果 …………	紅玉品種2顆（400g）
細砂糖 ………	100g
杏仁碎片 ……	2大匙
卡巴度斯蘋果酒	1/2大匙

作　法

1. 蘋果削皮切成4等分，去除果芯切成厚約5mm的扇形。灑上細砂糖放置。杏仁放入平底鍋焙煎。
2. 小鍋中裝入蘋果皮與150ml的水，煮約15分鐘抽出果皮色素，水呈粉紅色時即可熄火將煮汁過濾。
3. 鍋中放入蘋果與**2**濾出的煮汁，以中強火煮至水分收乾。撈除浮出的浮沫。
4. 稍微煮出一點濃稠感時即可加入杏仁，再加以煮開（蘋果富含果膠，只要呈現稍微濃稠狀態即可熄火）。 *Point*
5. 熄火後加入卡巴度斯蘋果酒，趁熱裝瓶。

果膠…請參照46頁。

蘋果
粉紅胡椒醬

粉紅胡椒的鮮艷色彩與蘋果爽脆的口感，成品帶有清涼風味，不同於一般的蘋果醬。

材　料　完成後份量約220ml

蘋果　………… 1顆（300g）
細砂糖　……… 95g
粉紅胡椒　…… 1大匙
檸檬汁　……… 1大匙

作　法

1. 蘋果削皮切成8等分，去果芯後切成5mm厚扇形。
2. 鍋中放入1及檸檬汁，加入細砂糖以中強火加熱。
3. 撈除浮沫。
4. 當蘋果開始帶透明感，且煮汁呈現濃稠狀時，即可加入粉紅胡椒稍微煮開。
5. 熄火趁熱裝瓶。

蘋果肉桂葡萄乾醬

蘋果泥有著柔軟的口感，再加上葡萄乾與肉桂，令人聯想起蘋果派。幾乎可當甜點食用的果醬。

材　料　完成後份量約300ml

蘋果 …………	紅玉2顆（400g）
蔗糖 …………	120g
檸檬汁 ………	1大匙
葡萄乾 ………	25g
肉桂粉 ………	1/4小匙

作　法

1. 蘋果洗淨切成4等分，去除果芯後連皮一起磨成泥。葡萄乾浸泡於熱水中5分鐘。
2. 鍋中放入剛磨好的蘋果泥，加入蔗糖、檸檬汁以及葡萄乾，以中強火加熱。
3. 撈除浮出的浮沫。
4. 水分收乾後灑入肉桂粉，攪拌均勻後熄火。趁熱裝瓶。

蜜柑迷迭香醬

溫暖的橙色果醬帶來視覺上的暖意。使用整顆蜜柑做成的冬季果醬。沾香蕉吃非常美味，迷迭香風味顯著。

材 料 完成後份量約250ml

蜜柑 ………… 280g（4～5顆）
細砂糖 ……… 120g
乾燥迷迭香 … 1/4小匙

作 法

1 切下蜜柑蒂頭剝皮後，果皮川燙倒掉煮汁。Point 1

2 瀝乾1的水分，與一片一片剝開的果實一起放進食物處理機攪拌至滑順泥狀。放入食物處理機的順序是先放果肉再放果皮，攪拌起來會較為順暢。

3 鍋中放入細砂糖與乾燥迷迭香，一邊攪拌至鍋底使其不燒焦，一邊加熱熬煮。Point 2

4 煮至全體均勻融合時，便可熄火趁熱裝瓶。

Point!

※1 川燙倒掉煮汁…請參照22頁

※2 加熱時果醬容易噴濺，為了避免燙傷請戴上隔熱手套或粗棉布手套較安全。

芝麻葉抹醬

如羅勒醬一般，可當義大利麵醬汁，或做為蔬菜條的沾醬。可隨喜好加入30g帕馬森起士，將使滋味更醇厚。放冰箱冷藏可保存1個月。

材　料　完成後份量約100ml

芝麻葉 ……… 60g
蒜頭 ………… 1/2片
核桃 ………… 30g
橄欖油 ……… 100ml
天然鹽 ……… 1/2小匙

作　法

1 核桃先以170度預熱過的烤箱焙烤6分鐘，放涼後切碎。Point 1

2 洗乾淨的芝麻葉瀝乾水分備用。蒜頭除芯切成4等分。

3 將核桃與蒜頭、天然鹽、一半的橄欖油以及一半芝麻葉放進食物處理機攪拌均勻。

4 攪拌至滑順泥狀時，再加入剩下的一半橄欖油與芝麻葉繼續攪拌，完成後即可裝瓶。Point 2

5 裝瓶後可於其上再注入5mm橄欖油（材料份量外），以防抹醬氧化變色。

※1　也可先切碎核桃用平底鍋焙煎。
※2　不要攪拌過頭，才能保留芝麻葉的香氣。

Point!

白花椰菜咖哩醬

味道濃烈，只要加入少量就能為料理提味。抹在麵包上並撒一點起士粉進烤箱烤，或是塗抹在烤過的豬里肌肉上食用也很美味。特別推薦可和鮪魚醬一起用生菜包起來享用。放冰箱冷藏可保存3、4天。

材　料　完成後份量約200ml

白花椰菜……… 1/2顆
小茴香………… 1/2小匙
紅辣椒………… 1/3根
生薑…………… 1片
咖哩粉………… 1大匙
鹽……………… 1小匙
沙拉油………… 2大匙
胡椒…………… 些許
蔗糖…………… 1大匙

若無食物處理機，可將白花椰菜切碎使用，最後再用湯匙或壓泥器壓成泥狀即可。

作　法

1 白花椰菜切成小塊，生薑切細備用。

2 鍋中放入沙拉油與小茴香、紅辣椒，以弱火加熱。小茴香飄出香氣後，再加入生薑與咖哩粉用木杓拌炒3分鐘。

3 白花椰菜加入2中，再加入1/4杯水與鹽、蔗糖後蓋上鍋蓋，以弱火蒸煮10分鐘（途中若水蒸發可適度加入少量）。

4 將白花椰菜煮至可以木杓切斷莖部時，最後轉中強火一口氣收乾煮汁，灑上胡椒。

5 放入食物處理機攪拌及完成。Point

果醬與鮮奶油層層疊疊做成的千層蛋糕。每當叉子插入蛋糕，清爽的香氣立刻飄散在周圍。品嚐起來就像吃蜜柑一般酸甜多汁的蛋糕。

材　料　直徑20cm的蛋糕一個

<可麗餅皮部份>
低筋麵粉 ……… 100g
細砂糖 ………… 20g
牛奶 …………… 250ml
雞蛋 …………… 2顆
奶油 …………… 25g
沙拉油 ………… 適量

<鮮奶油部份>
蜜柑迷迭香醬 … 200g
（請參照89頁）
鮮奶油 ………… 150ml
細砂糖 ………… 10g

作　法

【準備】將牛奶與雞蛋從冰箱拿出恢復常溫。

1 奶油以微波（750w）加熱20秒使其融化。低筋麵粉篩進大碗中。

2 在另一個碗裡打蛋，加入融化的奶油與細砂糖、牛奶，徹底攪拌混合。

3 在低筋麵粉中間作一凹洞，倒入2後，用打蛋器均勻攪拌。

4 將3過篩使其表面平滑後放置30分鐘。

5 平底鍋倒入油以中弱火加熱，取一湯杓4放進鍋中，轉動平底鍋讓麵糊快速佈滿鍋面烤成餅皮，餅皮邊緣乾了就可以翻面，背面只需稍微烤出色澤。約烤10～12片。

6 鮮奶油中加入細砂糖，打發至可直立不垂落。

7 在盤子上鋪一片餅皮，上面再塗一層鮮奶油。再鋪一片餅皮，均勻抹上一層蜜柑果醬。

8 重複7步驟到餅皮鋪完為止，蓋上一層保鮮膜放進冰箱冷藏30分鐘。

※裝盤時可取果醬加入少量檸檬汁，做成醬汁淋在盤上裝飾。

本書使用方法

親手完成的果醬裝在瓶子裡，今天的餐桌看起來是不是有點特別。
為了不辜負親手做的果醬，也美化一下瓶子吧。為裝著果醬的漂亮瓶子貼上特製標籤，送給重要的人。

1 請翻到96～101頁挑選喜歡的果醬標籤。

2 請先影印、掃描喜歡的標籤圖樣，然後剪下或切割列印稿上的標籤。

3 標籤上寫上果醬的名稱。

4 用雙面膠等貼在瓶身上。

不只是標籤，花點心思就能想出許多包裝瓶子的方法喔。
大家也一起動動腦吧。

1 以覆盆子與藍莓為主題，繫上粉紅色與藍色的鈕扣垂在瓶身側邊。葡萄和柑橘也可應用同樣方式選用不同顏色鈕扣。

2 用小手巾包起來就是一份禮物。手帕或棉布都可以，重點是繫出一個大大的蝴蝶結。

3 利用裝橘子的紅色網袋來包裝。配合瓶子大小剪下網袋，瓶底可用膠帶黏牢。

4 簡單的瓶子，可以貼上紙膠帶或繫上蕾絲緞帶來裝飾。也可以編織毛線瓶蓋，少女情懷十足。

包裝製作…渡部和泉

結　語

以前我曾在家中開設只有週末開張，以賣鬆餅為主的咖啡店。

為了讓客人每週上門而不膩，我準備了用當季水果製作的果醬。

選用不同食材組合，果醬可以有千變萬化的享用方式。

果醬也是鬆餅的最佳拍檔。

之後，週末咖啡店雖然不再經營，

直到現在我的冰箱裡，果醬已成了不可或缺的食物。

不只是塗抹於麵包上，還可以加入優格裡做成甜蜜的飲料，或應用在甜點製作上，

有時候甚至拿來做成濃湯。

這本書中除了收錄我一直以來不斷製作的果醬食譜外，

也加入了運用香辛料或香草製成的果醬或抹醬。

呈現果醬的嶄新風味。

待在工作室裡咕嘟咕嘟對著鍋子煮果醬的那些日子，

感覺自己就像在果醬王國裡迷路的愛麗絲。

有時只是隨性組合食材做出的果醬，卻意外的好吃。

相反的也有成品不如想像中美味的情況。

那些被香氣包圍，煩惱著如何創作果醬的日子真是幸福時光。

請大家在ISHI RYOKO小姐手作的愛麗絲娃娃帶領下，

一起暢遊果醬王國吧。

渡部和泉

HOME MADE

JAM

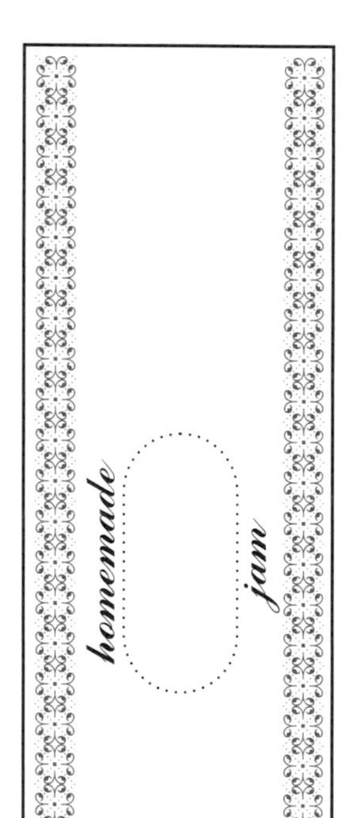

HOMEMADE

JAM

Jam
JAM
Jam
Jam
homemade
JAM
A
J
M
A
JAM
date
JAM
HOMEMADE
Jam

HOME MADE

JAM

HOMEMADE

JAM

Jam
JAM
Jam
Jam
homemade
JAM
J
A
M
A
JAM
date
JAM
HOMEMADE
Jam

HOMEMADE
364
DAYS

HOMEMADE
364
DAYS

homemade jam
364

homemade jam
364

364
days
HOMEMADE

364
days
HOMEMADE

HOMEMADE
364

HOMEMADE
364

HOMEMADE
364
DAYS

HOMEMADE
364
DAYS

homemade jam
364

homemade jam
364

364
days
HOMEMADE

364
days
HOMEMADE

HOMEMADE
364

HOMEMADE
364

Handmade Jam Memo

Handmade Jam
Memo
JAM
GRAPE
JAM
JAM

著者／渡部和泉

歷經開發無添加食品的工作後，成為點心與料理專家。
取得法國藍帶餐飲學院畢業證書，目前正在研習藥膳。
著書有「禮物甜點」、「蔬菜做的甜點食譜書」等。
http://www.h4.dion.ne.jp/~cactus_w/izumi

Enjoy Your Sweet Time

四季鮮果♥手工果醬

2012年8月29日 初版第1刷　　定價280元

著　　者／渡部和泉
翻　　譯／邱香凝
封面・內頁排版／果實文化設計
總 編 輯／賴巧凌
編　　輯／賴巧凌・林子鈺
發 行 所／笛藤出版圖書有限公司
地　　址／台北市萬華區中華路一段104號5樓
電　　話／(02)2388-7636
傳　　真／(02)2388-7639
總 經 銷／聯合發行股份有限公司
地　　址／新北市新店區寶橋路235巷6弄6號2樓
電　　話／(02)2917-8022・(02)2917-8042
製 版 廠／造極彩色印刷製版股份有限公司
地　　址／新北市中和區中山路2段340巷36號
電　　話／(02)2240-0333・(02)2248-3904
訂書郵撥帳戶／八方出版股份有限公司
訂書郵撥帳號／19809050

國家圖書館出版品預行編目(CIP)資料

四季鮮果手工果醬／渡部和泉著；邱香凝翻譯.
-- 初版. -- 臺北市：笛藤, 2012.08
　面；　公分
ISBN 978-957-710-596-7(平裝)
1.果醬 2.食譜
427.61　　　　101015671

材料提供

cuoca
http://www.cuoca.com

工作人員

插畫＋人偶製作………… ISHI RYOKO
設計……………………… 森AYA
食譜攝影………………… 槙原進
食譜造型………………… 石井佳苗
包裝製作………………… 渡部和泉
模特兒攝影……………… 川島小鳥
模特兒服裝……………… 田中洋介
模特兒…………………… Lili
攝影協助………………… 田中藍
編輯……………………… 小田原昌子